AF249910

CONSIDÉRATIONS GÉNÉRALES

SUR

LA PHRÉNOLOGIE

Par M. le Dr E. GROMIER,

MÉDECIN DE L'HÔTEL-DIEU, MÉDECIN AUX RAPPORTS.

(Lecture faite à la Société d'Éducation de Lyon.)

LYON

TYPOGRAPHIE ET LITHOGRAPHIE J. NIGON,

Rue Chalamont, 5.

1847.

CONSIDÉRATIONS GÉNÉRALES

SUR

LA PHRÉNOLOGIE

Par M. le Dr E. GROMIER,

MÉDECIN DE L'HÔTEL-DIEU, MÉDECIN AUX RAPPORTS.

(Lecture faite à la Société d'Education de Lyon.)

R. F.
BIBLIOTHÈQUE NATIONALE
IMPRIMÉS

LYON.

IMPRIMERIE ET LITHOGRAPHIE NIGON,
Rue Chalamont, 5.

1847.

CONSIDÉRATIONS GÉNÉRALES

SUR

LA PHRÉNOLOGIE.

Lecture faite à la Société d'Education de Lyon.)

M~ESSIEURS~,

Ma première intention avait été de vous présenter quelques
considérations sur la phrénologie, au point de vue des idées
que je m'en suis faites, après une étude sérieusement approfondie, sans m'occuper des objections que lui font ses adver-
saires et des exagérations de quelques-uns de ses adeptes. Mais
je n'ai pas tardé à me convaincre qu'une pareille exposition ne
pouvait me conduire au résultat que je veux obtenir; que je
me rendrais peu digne de fixer votre attention, si je laissais
planer, sur une science que j'estime, des préventions qui ren-
draient suspect mon travail, et douteuse la nature de mes
principes. J'ai compris que je soulèverais contre moi les hommes
qui soumettent toutes les questions philosophiques au crité-
rium de la religion et de la morale, à moins que je ne parvinsse
à leur démontrer, par des raisons plausibles et péremptoires,

qu'il n'y a rien, absolument rien dans cette exposition nouvelle du jeu de nos facultés, qui puisse blesser leurs convictions philosophiques et religieuses.

J'ai pensé que j'aurais contre moi tous les adeptes d'une école moderne, plus spiritualiste que ne le comportent les préceptes de l'orthodoxie la plus pure ;

Puis, d'un autre côté, tous les matérialistes, philosophes ou physiologistes qui nient l'existence de l'esprit, ou ne l'admettent que procédant de la matière, comme une sécrétion organique.

En présence de pareilles difficultés, il me devenait impossible d'entrer immédiatement en matière; il fallait prouver aux hommes de foi que leurs craintes ne sont pas fondées; qu'il n'y a rien dans la phrénologie, considérée d'un point de vue élevé, qui puisse choquer en rien les principes de leurs croyances. Il fallait m'inscrire franchement contre des idées que je réprouve, et démontrer que le matérialisme est le fait de convictions personnelles, et non point un résultat nécessaire de la doctrine. Il fallait, en un mot, faire disparaître une à une les principales objections qui éloignent tant d'esprits craintifs d'une pareille étude; prouver aux spiritualistes exagérés qu'ils ne sont ni conséquents ni orthodoxes; puis poser nettement la question, et la faire apprécier à des esprits favorablement disposés. C'est ce que je tâcherai de faire, Messieurs, dans cette première exposition.

Non, la phrénologie n'est point une science immorale et funeste; mais elle est, comme toutes les choses qui appartiennent au domaine de l'intelligence, soumise à diverses interprétations. C'est ce qui explique les points de vue divers sous lesquels elle a été envisagée. J'ai rarement vu une question où l'on fût si près de s'entendre, et qui ait été discutée avec plus d'énergie et de persévérance.

Mais qu'est-ce donc que la phrénologie ? C'est simplement l'étude physiologique du cerveau et de nos facultés, en fixant plus spécialement son attention sur l'étude du substrátum matériel qui sert d'instrument de manifestation; l'étude, en un mot, du cerveau et de ses fonctions.

Pour nous, cet instrument n'est qu'un moyen de manifestation; — mais, comme notre opinion n'est pas universellement adoptée, nous serons obligé de nous arrêter un instant sur une première dissidence, — concernant la classification et le mode de manifestation de nos facultés intellectuelles.

Les physiologistes et les philosophes qui, de nos jours, se sont déclarés les plus ardents antagonistes de la phrénologie, adoptent une classification qui se rapproche beaucoup de la nôtre, mais qui en diffère cependant sous le rapport le plus essentiel. Ainsi, tandis que nous divisons l'ensemble de nos facultés en trois groupes principaux, qui comprennent les instincts, les penchants et les facultés intellectuelles, et que nous leur assignons à chacune, en particulier, une portion correspondante du cerveau, qui lui sert de moyen de manifestation, ils reconnaissent, eux, des aptitudes instinctives, des aptitudes intellectuelles et morales, enfin des facultés de l'esprit proprement dit. Ils conviennent avec nous que les aptitudes instinctives, intellectuelles et morales, sont innées, représentées par des organes, régies par les lois de la matière vivante, et qu'elles ne manifestent leur action qu'en vertu d'excitations physiologiques; mais ils proclament que les facultés de l'esprit ne sont pas innées, qu'elles ne sont données à l'homme que par l'enseignement moral; — qu'elles se servent des aptitudes instrumentales, les apprécient, les dirigent, les modèrent en raison de la loi morale qu'elles ont reçue, mais sans passer sous le joug de la matière, sans être asservie à ses lois. C'est là la différence capitale qui sépare ces deux écoles; c'est une erreur fondamentale que nous ne pouvons nous empêcher de discuter.

Personne, je pense, ne pourra nier cette haute direction de l'esprit; mais on a peine à concevoir que ses facultés, qui dominent toutes les autres, qui sont destinées à les diriger, à les modérer, en un mot, à exercer, sur tout le reste de l'organisme, un empire universel, soient précisément les seules qui ne soient pas innées dans l'homme, les seules qui manquent d'un substratum matériel, ou, si vous aimez mieux, d'un levier pour donner la direction à tout l'ensemble. On a tellement senti cette difficulté que, pour en sortir ou l'éluder, on a été forcé d'avoir recours à un subterfuge, en mettant à la disposition de ces facultés de l'esprit les aptitudes instrumentales, déjà chargées d'autres fonctions. Et pourquoi donc les déshériter de leur moyen possible de manifestation? Comment communiquons-nous les uns avec les autres? Comment se transmettent notre pensée, nos appréciations, nos jugements? N'est-ce pas par nos organes matériels? Si l'on admettait ces facultés indépendantes, ne serait-ce pas nous assimiler à la Divinité, qui, seule, peut exister indépendante, absolue et manifester son action sans autre puissance que sa volonté? Une semblable prétention n'est autre chose qu'un immense produit de l'orgueil humain, qui veut toujours s'élancer en dehors de sa sphère. Mais l'homme oublie qu'il est enchaîné dans une prison de chair; qu'il ne peut communiquer avec ses semblables, soumis aux mêmes lois que lui, que par le moyen de la matière destinée à rendre sensibles ses manifestations en les appropriant à la faiblesse organique de notre nature; ces communications immédiates d'esprit à esprit ne sont plus aux yeux des hommes sérieux, que le résultat d'une imagination maladive, un rêve, une hallucination. Je puis donc établir, d'après ces considérations et l'autorité des hommes les plus compétents en ces matières délicates, que toutes nos facultés, tous nos penchants, tous nos instincts nous sont naturels, qu'ils sont innés en nous, mais ne peuvent manifester leur action que par l'intermédiaire d'un substratum matériel qui les rend sensibles et appréciables. En voulez-vous une preuve plausible, péremptoire, voyez ce qui se passe à la suite d'une lésion cérébrale, à la suite de ces altérations vitales ou organiques qui constituent la folie? Que deviennent alors les facultés de l'esprit? Ne sent-on pas alors cette humiliante subordination de l'esprit à la matière, de cet esprit que l'on veut faire si libre et si indépendant? Hélas! il faut bien convenir alors que cette existence, par elle-même, n'est pas possible, et que l'homme a été condamné à subir des lois dont il ne peut sortir sans une volonté expresse, exceptionnelle, de celui qui l'a créé.

Mais de cette liaison intime entre l'esprit et la matière, s'ensuit-il nécessairement, comme l'ont prétendu quelques physiologistes, que l'esprit n'est qu'une élaboration, une sécrétion du cerveau, suivant l'expression sacramentelle? S'ensuit-il que tout homme qui s'occupe de semblables questions, soit nécessairement entraîné au matérialisme et au fatalisme? Je repousse, d'une manière absolue, cette interprétation. Il existe des phrénologistes matérialistes; il en est de spiritualistes, comme Spurzheim. Il existe des matérialistes parmi des hommes qui ne se sont jamais occupés de semblables études. Ce n'est donc pas à la science elle-même qu'il faut adresser des reproches, mais aux fausses conséquences qu'on en a su tirer. Pour nous, les rapports de l'esprit à la matière sont enchaînés d'une manière intime, inséparable, avant la mort; mais ce n'est pas plus la matière qui produit l'esprit, qu'un instrument ne produit la main qui le dirige. Mais, dans ces rapports réciproques et de subordination, la matière ne met pas toujours la même activité et la même promptitude à obéir. De là, les différences dont nous étudierons bientôt tous les éléments, et qui font un homme si peu semblable à un autre homme. On n'est donc pas matérialiste par le fait seul du sujet de son étude? Non, nous ne sommes pas matérialiste, dans ce sens que nous répudions les principes du matérialisme philosophique, qui ne reconnaissent aucune existence réelle à l'esprit; du matérialisme physiologique, qui veut que la matière préexiste toujours à l'esprit, et que celui-ci ne soit que la conséquence de ses réactions, une production sécrétionnelle du cerveau. Comparez maintenant la distance qui sépare cette négation absolue, ou cette création consécutive à l'action du cerveau, aux principes qui font le sujet de nos considérations préliminaires, et je demanderai s'il est possible encore de soutenir ce reproche tant de fois articulé. Est-on matérialiste en étudiant les rapports nécessaires qui existent entre la matière et l'esprit, en proclamant la simultanéité de leur existence, en scrutant d'un œil observateur leur enchaînement réciproque, leur association intime ; en essayant de multiplier ainsi ses connaissances et d'arriver insensiblement à l'intelligence la plus complète du mécanisme organique dont nous subissons les conséquences ? A ce point de vue, tous les hommes qui s'occupent d'histoire naturelle et de physiologie, seront confondus avec nous dans une commune réprobation. A ce point de vue, nous acceptons toute la responsabilité de notre exposition, et nous serons fier de marcher avec eux sur la trace des philosophes les plus éminents et des hommes religieux les plus orthodoxes. Ainsi donc, on peut accepter cette devise : L'homme est une intelligence servie par des organes ; et cependant, quoi qu'en disent des antagonistes plus ardents que sérieux dans leurs attaques, on peut, dis-je, être et rester phrénologiste. Nous n'acceptons donc pas ce reproche de matérialisme ; nous n'acceptons pas d'avantage l'existence indépendante des facultés de l'esprit. Il existe une corrélation réciproque et nécessaire entre l'esprit et la matière ; et quelle que soit la puissance de l'enseignement moral, il est incapable de rien créer par lui-même ; il ne fait que développer les germes qui existent en nous ; il devient alors leur stimulant naturel, comme la lumière est le stimulant de l'organe de la vue, les ondes sonores, le stimulant de l'organe de l'ouïe. Vous ne ferez pas plus raisonner un idiot par l'enseignement moral, que vous ne ferez entendre un sourd lorsqu'il sera privé de l'organe de l'ouïe.

Nous poserons donc en principe que :

1° Toutes nos aptitudes instinctives et morales, toutes nos facultés sont innées; nous en apportons les germes en naissant; 2° tous, nous possédons les mêmes aptitudes et les mêmes facultés; sans cela il nous serait impossible de nous comprendre, de même qu'il est impossible à un animal de comprendre les actes de notre esprit, parce qu'il ne possède ni l'intelligence nécessaire pour cela, ni un organe correspondant, qui puisse lui permettre d'entrer en rapport avec nous; 3° toutes ces aptitudes, toutes ces facultés ne nous sont pas départies d'une manière égale et dans une combinaison identique, comme cela est démontré d'une manière surabondante et péremptoire par la différence que nous remarquons entre les enfants nés d'un même père et d'une même mère, nourris dans le même milieu; quelle différence dans la facilité plus ou moins grande qu'ils ont à s'élever à un même degré de connaissance! quelle différence, même dans les progrès qu'ils font, les uns dans une science, les autres dans une autre! quelle dissemblance de caractères!

Mais ces différences primitives, si je puis m'exprimer ainsi, ne sont pas les seules qui viennent frapper nos regards. L'homme, dans la suite de sa carrière, voit surgir, au contact de la société, de nouveaux éléments, en raison de son éducation, du cercle dans lequel il vit, du frein qu'il a su mettre à ses passions, ou de l'empire qu'il leur a laissé prendre; de son état de santé ou de maladie, de prospérité ou d'infortune.

Il en résulte que l'organisation primitive n'est pas le seul élément qui constitue le caractère de l'homme fait; que les circonstances dans lesquelles il a vécu modifient profondément tout son être; et si l'on sait profiter de cette observation fondamentale, il sera impossible de ne pas reconnaître que la différence qui existe dans nos instincts innés, pris à l'origine de leurs manifestations, a subi de nombreuses transformations, et que si le milieu seul dans lequel nous avons vécu a imprimé en nous d'aussi profondes modifications, par le fait presque du hasard, le hasard, dirigé par une main intelligente, sera capable de produire d'aussi nombreuses transformations, et en même temps d'en régler et harmoniser la marche. Voici, Messieurs, ce que vous vous efforcez tous les jours d'accomplir dans les éducations que vous êtes chargés de diriger, et c'est parce que je connais toute la sollicitude que vous mettez à cette tâche pénible, que je me permets de vous soumettre des idées qui ne sont pas encore assez familières dans le monde, mais qui, chez vous, trouveront de l'écho, parce qu'elles sont essentiellement pratiques et fondées sur la connaissance intime de notre organisation.

C'est ainsi que nous répondrons au reproche de fatalisme que l'on adresse à la phrénologie. — Oui, avec des facultés identiques dans leurs principes, nous reconnaissons des différences de développement primitif, des différences d'intensité d'action; nous pouvons, en imitant ce qui se passe, à chaque instant, sous nos yeux, et par une gymnastique habilement combinée, modifier profondément nos dispositions primitives, fortifier les plus faibles, corriger l'impétuosité des plus fortes, et rétablir en nous un salutaire équilibre: c'est donc travailler à la reconstitution du libre arbitre, et non pas le détruire.

Si, dans le cours de la vie, et cela est incontestable, la liberté semble nous échapper quelquefois, c'est parce que nous avons été mal dirigés dès le principe, que nous ne nous sommes pas étudiés à vaincre nos penchants mauvais, ou à fortifier nos bonnes impulsions; c'est que nous avons négligé d'établir un sage antagonisme entre le bien et le mal, et nous ménager enfin, par la culture de notre intelligence, un frein régulateur. Ces monstres hideux qui font la honte de l'humanité par leur dégradation, c'est moins encore à la fatalité de leur organisation que nous devons nous en prendre qu'à la mauvaise direction qu'elle a reçue. Nous ne perdons jamais absolument le sentiment de notre liberté, si ce n'est dans l'état de folie qui enlève toute responsabilité de nos actes, et dans l'ivresse et la passion poussée jusqu'à la fureur, où nous perdons souvent la conscience de nos actes, mais sans pouvoir en décliner la responsabilité d'une manière absolue.

Mais, dès l'instant que nous reconnaissons des différences d'organisation, nous ne pouvons admettre que la liberté soit également indépendante chez tous les hommes. Si c'est là ce que l'on veut entendre par fatalisme, nous serons encore prêts à accepter le reproche. — Nous nous sommes assez formellement exprimé pour qu'il ne reste aucun doute sur le fond de notre pensée. — Nous reconnaissons hautement que le bien et le mal sont des choses absolues, incontestables ; mais, comme nous ne pouvons nous y conformer qu'au moyen de notre organisation primitive ou acquise, il en résulte que, tous, nous n'avons pas la même facilité d'obéir au bien et d'éviter le mal : aussi toutes les actions des hommes ne sont-elles pas empreintes du même degré de mérite ou de culpabilité ; mais il y a loin de là à nier l'existence de toute liberté. — Je reconnais donc un libre arbitre, puisque je condamne ; mais comme ce libre arbitre est obligé de subir, dans ses manifestations, les chaînes de la matière, je soutiens seulement qu'il ne peut agir qu'avec une indépendance relative.

Voici, Messieurs, les considérations que j'ai cru devoir vous présenter avant d'entrer plus avant dans la question.

Dans une prochaine lecture, j'examinerai la phrénologie dans ses détails. — Je vous exprimerai franchement le peu de connaissances que je possède à cet égard.

Dans une précédente lecture, j'ai démontré que la phrénologie, considérée d'une manière philosophique, n'était point une étude conduisant nécessairement au matérialisme et au fatalisme ; que c'était, au contraire, une simple appréciation physiologique ; qu'ainsi toutes les idées fondamentales de la religion et de la morale ne peuvent en subir aucune atteinte. Nous verrons bientôt que, loin de se mettre en opposition avec

des croyances aussi respectables, la phrénologie en démontre
la nécessité, puisque le besoin de s'y conformer et de sacrifier
à leur culte, procède d'une impulsion innée et inséparable de
notre organisation. Nous avons rappelé, d'un autre côté, et c'est
un point sur lequel il n'est plus permis d'admettre une dis-
cussion sérieuse, nous avons, dis-je, rappelé que notre esprit,
nos facultés avaient besoin, pour arriver à se manifester,
avaient besoin indispensablement d'un organe matériel, qui
consiste nécessairement et exclusivement dans le cerveau. —
Je dis exclusivement, car elle ne siége pas plus dans les sens
que dans les différents viscères où l'on a voulu localiser plusieurs
de ses manifestations. — Les sens ne sont point le siége de
l'intelligence, car l'œil ne voit pas et ne peut juger les impressions visuelles ; l'oreille n'entend pas et ne peut juger les sons ;
la main ne juge pas les objets qu'elle palpe, et la preuve péremptoire c'est que l'œil, l'oreille et la main peuvent conserver et
conservent très souvent, dans une foule de maladies, toute leur
intégrité organique, sans que les impressions qu'ils doivent
transmettre, nous donnent la sensation, la perception des sons,
des couleurs ; ce ne sont donc que des organes de transmission,
enrichis chacun d'un appareil spécial, en rapport avec la nature
des impressions qu'ils doivent transmettre au cerveau, lequel
seul perçoit, juge, apprécie. Ainsi, l'œil, débarrassé de cet admi-
rable appareil d'optique qui forme le globe de l'œil et qui ne sert
à autre chose qu'à rassembler les rayons lumineux, pour qu'ils
aillent frapper d'une manière déterminée la rétine, se réduit
à un nerf d'une nature particulière, en rapport avec la subti-
lité du fluide avec lequel il est destiné à nous mettre en rapport.
— Il en est de même pour tous les autres sens : l'organe du
goût, de l'olfaction, du tact. — Chacun de ces appareils se
compose d'un nerf spécial destiné à transmettre au cerveau une
impression également spéciale ou spécifique ; les appareils dans
lesquels ils sont enchâssés, n'existent que pour les protéger,
maintenir leur intégrité, faciliter leur action, soit en concen-

trant les ondes lumineuses ou sonores, en multipliant les surfaces, comme dans la gustation et l'olfaction, soit, enfin, en étendant à une certaine distance autour de nous l'action du toucher; et voilà pourquoi la main est placée à l'extrémité du bras. Il en est de même de la sensibilité générale répartie à toute la surface de notre corps. — Si donc vous admettez que l'œil voit, que la main juge, vous ne pouvez refuser cette fonction à un nerf sensitif quelconque; et cependant vous coupez une jambe, et ce n'est pas à l'endroit de la blessure que se rapporte la douleur, mais bien à la place du pied qui n'existe plus. — Vous avez une main parfaitement intacte, et si vous blessez un nerf déterminé à la hauteur que vous voudrez, entre l'extrémité des doigts et les centres nerveux, vous détruisez le toucher; la main n'est plus apte à sentir. On est donc invinciblement entraîné à reconnaître que les nerfs ne partagent avec le cerveau aucune fonction intellectuelle; qu'ils ne sont que les organes au moyen desquels se transmettent les impressions spécifiques ou spéciales, en un mot des appareils excitateurs.

Le cerveau seul est donc l'organe où s'élaborent toutes les excitations; le seul qui les perçoit, les apprécie et les juge, soit au moment de l'excitation, soit après un temps plus ou moins éloigné, par le fait du souvenir.

Cependant quelques physiologistes, tout en reconnaissant que les hautes fonctions de l'âme résident dans le cerveau, ont prétendu que les organes du bas-ventre et de la poitrine prennent part, jusqu'à un certain point, à ces fonctions, et que ces organes pourraient bien être le siége de nos passions : c'était l'opinion de Bichat, Cabanis, Nasse, etc., etc., etc.

Il y a ici une distinction importante à établir et un énorme préjugé à détruire.

Il est incontestable que, dans certaines affections de poitrine, l'intelligence acquiert un surcroît d'activité qui nous étonne; que, dans quelques maladies chroniques des intestins, les malades sont en proie à un degré de tristesse, d'inquiétude vraiment

désespérant; ce sont là des faits qui se passent trop journelle-
ment sous nos yeux, pour que l'on puisse en nier l'évidence;
mais ce qui prouve que les poumons ou l'estomac ne partagent
point avec le cerveau les fonctions intellectuelles, c'est que
cette excitation anormale, cet abattement morbide disparaissent
si les organes malades reprennent leur intégrité; c'est là un
rapport synergique, que nous devons accepter, et qui s'explique jusqu'à un certain point par la succession incessante de
stimulations insolites qui arrivent au cerveau, et qui n'entraîne
point cette conséquence qu'une partie de l'intelligence réside
dans la poitrine ou le ventre. — On sait bien d'ailleurs que
les personnes les mieux portantes n'ont plus les mêmes idées,
si l'estomac est surchargé ou privé d'aliments.

Quant aux passions, les tentatives de localisation que l'on a
essayé de faire dans les viscères n'ont pas été plus heureuses;
on a prétendu que le foie était lié par une étroite connexion
à la colère et au chagrin, le cœur à la joie, les larmes à la
tristesse, la pâleur à la crainte. Mais, en laissant de côté les
traditions, on ne voit rien qui établisse que, chez un homme
en santé, une passion agisse plus sur une organe que sur un
autre; — on voit qu'elles portent leur action sur tout notre
organisme en général; et, suivant leur nature et notre genre
d'impressionnabilité, elles produisent tantôt un effet excitant
ou déprimant. Si, à la suite d'un chagrin, d'un accès de colère,
un homme contracte un ictère, pour citer l'exemple le plus
frappant, c'est que le foie était déjà malade ou dans une immi-
nence morbide. La preuve certaine, c'est que de vingt autres
personnes, dans les mêmes circonstances, les unes n'éprouve-
ront rien, les autres souffriront, les unes de l'estomac, les autres
du cœur, c'est-à-dire toujours du côté de l'organe le plus
impressionnable ou le plus faible, suivant l'expression vul-
gaire.

Il en résulte donc que les viscères ne prennent qu'une part

accidentelle et secondaire aux différents modes de manifestations de notre intelligence et de nos passions, et qu'ils ne peuvent pas en être considérés comme les organes spéciaux. Il ne nous reste donc plus, pour remplir ces fonctions, que la moelle épinière et le cerveau.

Quant à la moelle, ses altérations et les expériences directes prouvent péremptoirement qu'elle n'y prend qu'une bien faible part. — Si un point quelconque de la moelle est affecté profondément, toutes les parties situées au-dessous sont immédiatement paralysées, tantôt du mouvement et du sentiment tout à la fois, ou bien du mouvement ou du sentiment, suivant que la lésion portera de préférence sur sa partie postérieure ou antérieure.

Coupez la moelle à la hauteur que vous voudrez, au-dessous cependant des nerfs respiratoires, vous arriverez invariablement au même résultat.

Et qu'est devenue l'intelligence dans cet intervalle? L'intelligence est restée la même; elle a conservé sa force et sa puissance; seulement la chaîne par laquelle se transmet sa volonté et par laquelle elle reçoit les impressions du dehors, au moyen des nerfs qui y aboutissent, cette chaîne est rompue; et voilà pourquoi vous voyez quelquefois dans son fauteuil un malheureux paraplégique ne pouvant faire un seul mouvement ni avec ses bras, ni avec ses jambes, et conserver toutes ses facultés.

Mais, dans le cerveau, il n'en est plus ainsi · toute lésion un peu profonde porte sur l'intelligence; plus forte, elle la détruit. Et vous avez alors ces états apoplectiques dans lesquels puissance de volonté, sensibilité, mouvement, tout est anéanti; la respiration, les battements du cœur et quelques actes organiques survivent seuls quelque temps, parce qu'ils tiennent à la vie végétative. Ainsi donc, nous voilà arrivés à reconnaître le cerveau pour organe de la pensée, de l'intelligence, pour ce substratum matériel dont j'ai tâché, dans ma précédente lecture, de vous faire sentir l'importance et l'indispensable nécessité.

C'est une vérité qui existait vaguement dans la science, dès les temps les plus reculés. — C'est à Gall que nous devons de l'avoir rendue, je puis dire, populaire et irréfragable.

C'est son plus beau titre de gloire, et le seul que personne ne songe à lui contester ; mais là ne se sont pas bornées ses études.

Profitant des observations qu'il avait été à même de faire, et des données qui existaient éparses dans la science, il s'est demandé si le cerveau en masse agissait dans les fonctions intellectuelles, et s'il ne serait pas possible d'assigner à chacun des actes fondamentaux qui constituent notre individualité une partie déterminée de cette masse cérébrale. Après des études approfondies, il est arrivé, ainsi que Spurzheim et leurs successeurs, à diviser cette masse cérébrale en trois parties : l'une antérieure, composée du front proprement dit, qui serait le siége de l'intelligence dans sa partie supérieure, et dans sa partie inférieure celui des facultés perceptives, qui nous mettent en rapport avec les différents objets matériels et leurs diverses qualités physiques ; viendraient ensuite les sentiments, qui auraient leur siége sur les parties latérales et sur toute la partie supérieure de la tête, y compris le sommet ; tout le reste serait consacré au service des instincts.

Ainsi donc les phrénologistes sont arrivés à reconnaître trois divisions principales dans le cerveau :

L'une, et c'est la plus petite, réservée à l'intelligence ;

L'autre, aux sentiments ;

La troisième, enfin, aux instincts.

Comme vous pouvez le voir sur ce plâtre, chacune de ces sections se subdivise en plusieurs sous-divisions, qui correspondent à autant de manifestations spéciales.

C'est ainsi que la première division se décompose en deux grandes facultés :

La comparaison,

La causalité ;

La première sous-division, en douze facultés réceptives ;

Les sentiments, en douze sections distinctes ;

Enfin, les penchants ou instincts, en neuf ;

En tout, trente-cinq, sans compter :

L'alimentivité,

Biophylie,

Qui ne sont pas encore généralement adoptées. — Gall avait admis un nombre moins considérable de divisions. — Celui de Spurzheim n'est pas définitif ; mais sa manière d'envisager la question est bien supérieure à celle de Gall. — Ce dernier avait le grand tort de désigner les organes par les mauvaises applications que l'on peut en faire, — par une expression fatale ; ainsi, il avait fait l'organe du meurtre, du vol, etc., etc. ; d'autres paraissaient détruire tout le mérite des bonnes actions. Spurzheim n'a vu dans le vol qu'une mauvaise application d'une faculté plus générale, celle de l'amour de la propriété ; car on peut aimer à posséder sans être voleur, etc. — Il en est de même du meurtre, etc. Voici, Messieurs, l'exposition telle qu'elle est présentée par les phrénologistes : jusqu'ici j'ai été simple historien.

Il s'agit maintenant de formuler notre opinion. — Au point de vue logique, dès que nous avons reconnu le cerveau comme l'organe de la pensée, rien ne s'oppose à ce qu'une partie de cette masse en soit spécialement chargée ; que la pensée agisse au moyen d'un instrument unique ou d'instruments multiples, cela ne change rien au fond de la question. La première opinion n'est pas plus matérialiste que l'autre ; seulement celle des phrénologistes est plus vraisemblable ; car, comme le dit très bien Broussais dans son cours de phrénologie, si vous n'accordez à l'esprit qu'un seul instrument, dont la forme et l'étendue soient indifférentes, vous ne pourriez jamais concevoir ni comment il peut le monter sur tous les tons différents, ni pourquoi il ne le peut pas dans d'autres individus, malgré la différence d'âge, de sexe ou de santé. Que nous apprend maintenant l'expérience ? Voyez, Messieurs, ces trois têtes : — un idiot, un brigand, un homme à sentiments élevés. — Vous voyez incontestablement une différence capitale dans l'ensemble et les particularités de leurs têtes. — Il en serait de même d'un nombre considérable de têtes que je pourrais vous offrir. Nous sommes donc amenés à conclure que la proposition générale de Gall et de ses successeurs est vraie, au point de vue de l'expérience, vraie au point de vue de la logique. — Il ne manque, pour lui donner le cachet sacramentel d'une vérité absolue, que des études plus suivies, et des hommes qui la démontrent et la fassent toucher au doigt et à l'œil.

Quant aux divisions secondaires, je serai beaucoup moins affirmatif et absolu. — Non que je conteste le principe, car je le crois vrai et juste ; — mais je ne pense pas, malgré tous les travaux de Gall, les modifications de Spurheim, de Broussais et autres ; je ne pense pas que l'on soit arrivé encore à bien préciser nos facultés primitives ; que leur nombre soit bien rigoureusement établi et la localisation assez précise et parfaite pour que l'on puisse affirmer, dans tous les cas, même après un examen approfondi de la tête, cette proposition générale : Tel homme possède telles tendances spéciales, elles doivent être combattues par telles autres ; et que l'on puisse, d'une manière certaine, indiquer celles qui doivent diriger la conduite. — Ce problème, dans bien des cas, pourra avoir une solution très satisfaisante ; j'en ai l'intime conviction. — Mais, je le répète, on n'a pas assez de motifs de certitude, pour que j'ose affirmer qu'envisagée à ce point de vue, la phrénologie constitue, dans ce moment, une science définitive et à laquelle il n'y ait plus rien à toucher. — Et cependant, Messieurs, il ne serait pas plus prudent à moi de juger par mon expérience seule, pas plus juste d'apprécier par la vôtre, le mérite absolu d'un pareil exercice; il y a des choses de détail qui m'ont toujours frappé par leur justesse : dans les facultés intellectuelles, — la sous-division en facultés réceptives et réflectives me paraît incontestable. — Dans les sentiments, ce que Gall désigne sous le nom de bienveillance, que l'on a nommé depuis mansuétude, me paraît parfaitement localisé. — La vénération, l'estime de soi et l'approbativité sont pour moi parfaitement démontrés. — Les facultés artistiques le sont presque aussi bien; — mais il est beaucoup plus difficile de les apprécier et de les isoler les unes des autres. — Je crois, du reste, qu'il faut modifier leurs dénominations. — Les sentiments de famille, à part l'amour physique et celui des enfants, me semblent plus difficiles à distinguer. — Toute la masse qui se trouve au-dessus, en avant et en arrière de l'oreille, n'est point encore suffisamment délimitée; mais, ainsi que je vous le disais tout-à-l'heure, je me garderais bien de juger ce que l'on peut faire dans ce genre d'appréciation par ce que je puis moi-même; — j'ai vu des jugements très étonnants et justes, que je n'aurais pas été capable de déduire : c'est ce qui me tient dans une grande circonspection.

Et cela ne vous étonnera pas, Messieurs, en rappelant à votre esprit les difficultés qui entourent de pareilles études, difficultés telles que l'on a voulu prétendre qu'elles rendaient à jamais impossible la phrénologie, comme si une difficulté pouvait détruire une vérité, et, dans le cas où elle en masquerait une partie, comme si c'était une raison suffisante pour empêcher d'étudier et d'approfondir ce qui est accessible à nos sens. — Voilà cependant où l'on a voulu en venir, et l'objection que l'on répète encore chaque jour.

C'est en effet une étude très délicate et dans laquelle on

rencontre des difficultés de deux natures : les unes qui tiennent au fond même de la question ; — les autres qui dépendent du plus ou moins de sagacité dont nous avons été doués et de la facilité plus ou moins grande que nous possédons pour nous livrer aux études d'observation.

Vous concevez, en effet, que les limites que nous avons indiquées entre les grandes masses, n'ayant rien d'extrêmement précis, il sera toujours plus ou moins difficile de les déterminer d'une manière mathématique ; — qu'une partie, étant développée outre mesure, pourra et devra empiéter sur les parties voisines. — Dans les détails, ce genre de difficultés deviendra bien plus grave encore. A la rigueur, les os peuvent être plus développés dans un sens que dans un autre. — Les sinus peuvent faire des saillies anormales ; — les deux lames des os peuvent n'être pas parallèles : tout cela est parfaitement vrai et possible, mais tout cela n'enlève rien à la vérité des propositions principales. — Ce sont des difficultés, des motifs possibles d'erreur, — mais non des raisons qui puissent porter atteinte à la vérité fondamentale de la pluralité des organes.

Il faut, pour arriver à spécifier une faculté, en supposant tous les organes à l'état normal, une aptitude d'observation suffisante ; — il faut avoir fait l'éducation de cette aptitude ; il faut avoir été convenablement dirigé, connaître toutes les causes d'erreur, toutes les exceptions ; avoir longtemps et souvent palpé, examiné, réfléchi, comparé les différents types ; collationné soi-même sa tête avec ses penchants, ses habitudes naturelles ou acquises ; — savoir enfin que, le plus ordinairement, nous n'agissons pas sous l'influence d'un penchant unique, mais par suite d'impulsions qu se groupent, se combinent pour arriver à un résultat souvent unique ; qu'ils se combattent les uns les autres ; que de même qu'ils combinent leurs actions coadjutrices, il en est d'autres qui tendent à nous pousser dans un sens contraire, et qui agissent comme antagonistes ; ce qui explique ces tergiversations que nous subissons si souvent avant de prendre un parti définitif. — Il faut savoir qu'il en est d'autres qui doublent notre puissance ; d'autres, au contraire, qui la dépriment ; enfin, au-dessus de toutes ces actions d'un ordre secondaire, il faut faire la part de l'intelligence elle-même, et de la puissance plus ou moins grande de l'organe spécial qui est à son service. — Il faut tenir compte de l'activité des organes et non pas seulement de leur développement physique, de l'activité primitive, — native et de celle qui est le résultat de l'exercice et de l'éducation ; — des influences que nous avons subies au contact du monde dans lequel nous vivons. Plusieurs phrénologistes ont eu le grand tort de n'avoir pas fait suffisante la part de toutes ces circonstances et de toutes ces conditions, qui méritent la plus grande considération. Aussi ont-ils été cause de la répugnance qu'ont éprouvée pour ces études physiologiques des hommes sérieux qui, vaincus par les objections et les difficultés, n'ont pas eu assez de courage pour aller au-delà et se rendre compte, par une étude attentive, des vérités qui existent au fond de la question, débarrassée de toutes les objections, de tous les obstacles artificiels.

Pour moi, je suis arrivé à être parfaitement convaincu que l'esprit est indivisible dans son essence, mais qu'il se sert d'instruments multiples pour ses manifestations ; que ce n'est pas la même partie de cerveau qui agit, quand vient à changer la série des idées : ce qui le prouve, c'est que lorsque nous nous attachons longtemps à la même pensée, nous éprouvons bientôt un sentiment de fatigue qui nous rend impuissants et incapables de prolonger plus longtemps notre travail ; que, si au contraire nous varions nos occupations, nous pouvons rester en activité et poursuivre de longues heures de travail. — C'est que ce sont des parties différentes du cerveau qui agissent ; l'esprit est le même, mais l'instrument, la base physique, celle qui obéit et s'use, a changé et n'a pas attendu l'impuissance.

Si je voulais entrer plus avant dans cette étude, il me resterait une foule de questions à développer devant vous ; mais je sens qu'il ne convient pas d'abuser plus longtemps de vos loisirs. Je me bornerai donc à résumer en peu de mots les propositions fondamentales sur lesquelles je désire fixer plus spécialement votre attention.

1. Le cerveau est le siége exclusif ou, si vous aimez mieux, l'organe matériel de la pensée, de l'intelligence, des sentiments, des passions et des instincts. Les organes de la poitrine, du bas-ventre ne jouent qu'un rôle accessoire, secondaire et jamais nécessaire. — Dans aucun cas, ils ne peuvent être considérés comme des organes exclusifs et producteurs ; — ils sont excitateurs, mais leur action est le plus souvent perturbatrice, car s'ils interviennent dans les actes cérébraux, c'est surtout dans l'état de maladie.

2. Le cerveau n'agit pas en totalité dans chaque acte de la vie, mais successivement dans ses différentes parties, suivant les préoccupations qui nous absorbent. A chacune de nos manifestations fondamentales correspond une partie de sa masse qui n'est pas anatomiquement séparable, mais que nous devons admettre comme divisible fonctionnellement par le raisonnement et l'expéreince. A ce point de vue, tous les physiologistes sont d'accord et reconnaissent la pluralité des organes.

3. Les phrénologistes sont allés beaucoup plus loin, et, en s'aidant des lumières de l'expérience, ils ont reconnu que ces différents organes se manifestent, à l'extérieur du crâne, par des saillies déterminées qui permettent de les reconnaître et de les spécifier ; en sorte que, suivant les formes de la tête, ils sont parvenus à définir les tendances bonnes ou mauvaises des individus soumis à leurs observations.

Cette partie de la science, qui constitue à proprement parler la cranioscopie, n'est point encore fixée d'une manière irrévocable dans ses détails. — J'ai dit les difficultés d'applications qui l'entourent, les obstacles insurmontables, ceux qui peuvent être vaincus; mais il me reste la conviction intime qu'à défaut de ce degré de certitude qui constitue une science définitive, ce point de la question est lui-même assez avancé pour que les esprits les plus sérieux doivent la prendre en considération; c'est un élément précieux que nous ne devons pas étudier d'une manière isolée, mais qui, combiné avec tous ceux que nous pouvons emprunter à la physionomie, aux allures, etc., etc., peut plus que tous les autres nous faire apprécier de bonne heure les aptitudes des jeunes gens, et nous faciliter les moyens de les diriger vers la carrière qui paraît le plus conforme à leurs dispositions primitives, au lieu de les conduire tous par les mêmes études vers un but unique, que bien peu atteindront avec gloire, quelques-uns avec indifférence, et que la plupart poursuivront sans pouvoir y aboutir.

Eh bien! je le demande, lorsque des hommes ont fait de semblables questions une étude sérieuse, approfondie, et que, sans autre but que le désir de proclamer une vérité, ils viennent vous affirmer qu'il y a là une voie féconde, puissante, qui peut vous servir à mieux connaître vos élèves, pouvez-vous, malgré la négation contraire, quoique partie de haut, rester indifférents à de pareilles questions, et ne pas vous sentir dominés par ce désir immense qui veut que nous sortions à tout prix de notre incertitude? Si j'ai eu le bonheur de vous inspirer quelques doutes en ce sens, ma tâche est remplie, et je ne fatiguerai pas plus longtemps votre attention.

BIBLIOTHEQUE NATIONALE DE FRANCE

3 7531 00837025 7

www.ingramcontent.com/pod-product-compliance
Lightning Source LLC
LaVergne TN
LVHW051124060726
842526LV00006B/1887